浪花朵朵

动物请回答：你吃什么？

[法]弗朗索瓦兹·德·吉贝尔 [法]克莱蒙斯·波莱特 著
刘雨玫 译 浪花朵朵 编译

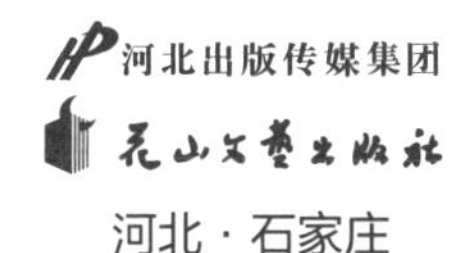

河北·石家庄

刺猬

刺猬到了晚上才会出来活动，它们鼻子贴着地，在宽广的土地上四处溜达觅食。
为了探险更顺利，刺猬“练出”了一身好技艺：游泳、爬栅栏、爬树，样样都行。
当受到惊吓时，刺猬会立刻竖起约六千根轻而坚硬的尖刺，
将身体团成一个小球来保护自己。

爱吃软体动物

kuò yú
蜗牛和蛞蝓对刺猬来说都是美味佳肴，它可以利用自己灵敏的嗅觉和听觉准确地找到猎物。
当秋天来临时，刺猬会开始大吃大喝，让体重增加到至少 450 克，
才能确保自己能安然度过五个月的冬眠期。在秋天时，
你可以在花园里留下一小盘猫咪湿粮（记得罩上盖子），给来访的刺猬一个小惊喜。

知更鸟

这种美丽的鸟儿看起来像是围着橘红色的小围兜。它们睁着一双黑溜溜的圆眼睛，时刻在园丁的身旁转悠。我们常听见它悠扬的歌声，却不知道这独来独往的小鸟也是天生的战士：它甘愿为捍卫领地而献出宝贵的生命。到了春天，雌鸟和雄鸟就会交配，生下宝宝。

爱吃昆虫

在巢中，鸟宝宝焦急地等待着爸爸妈妈打猎归来。鸟爸爸、鸟妈妈则栖息在低空的枝头，四处寻找蚯蚓、甲虫、毛虫、蝴蝶和蜘蛛的踪影。鸟宝宝长大一些之后，就可以和爸爸妈妈一起享用美味的浆果和其他水果了。

chán chú
蟾蜍

蟾蜍的双眼是铜色的，背上布满了充满毒液的疙瘩。长期以来，人们并不喜欢这种夜行的两栖生物，甚至在传说中女巫的魔药配方里，蟾蜍的唾液成了必不可少的配料。这多不公平啊！事实上，除非是你咬了蟾蜍或者摸过蟾蜍之后把手放进嘴里舔，否则它的毒液不会对人产生一点危险。

爱吃小动物

与人们的成见相反，蟾蜍其实是花园里的好帮手。
它能够帮忙吃掉许多蛞蝓、毛虫、蚯蚓、鼠妇和甲虫。
蟾蜍擅长伏击，它会窥伺着猎物的动静，迈着沉重的脚步跟在猎物的身后，
然后用黏黏的舌头击中目标。蟾蜍没有牙齿，只能用上下颚将食物压碎。

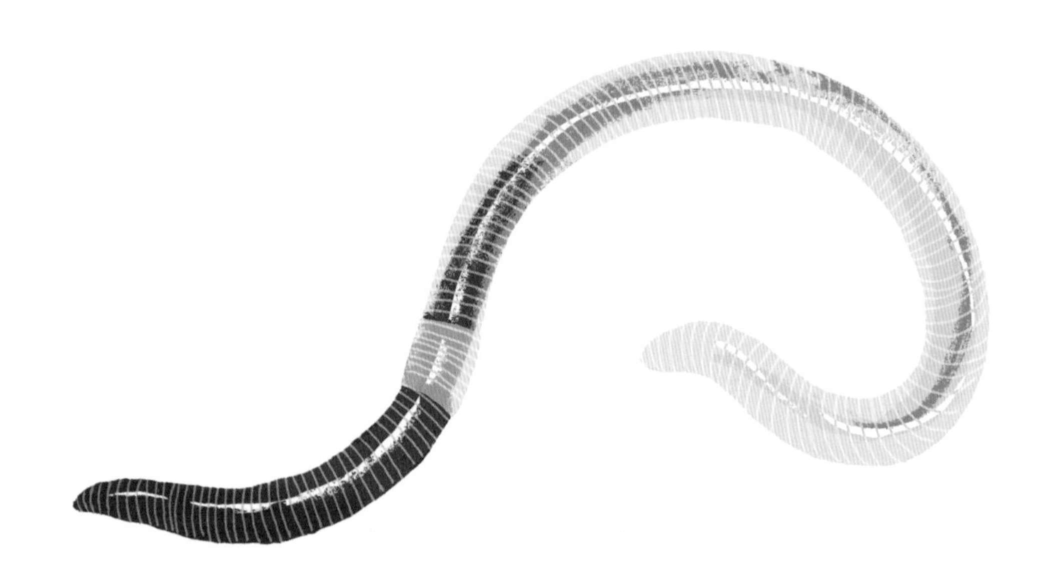

蚯蚓

蚯蚓忍受不了高温，所以会一直躲在地下的遮阴处。蚯蚓会用嘴巴做挖掘工具，它在土中钻出的隧道可达两米多深。它会吞吃泥土，然后排出对植物有益的粪便。不过，我们也不能因为这个就推断蚯蚓爱吃土。

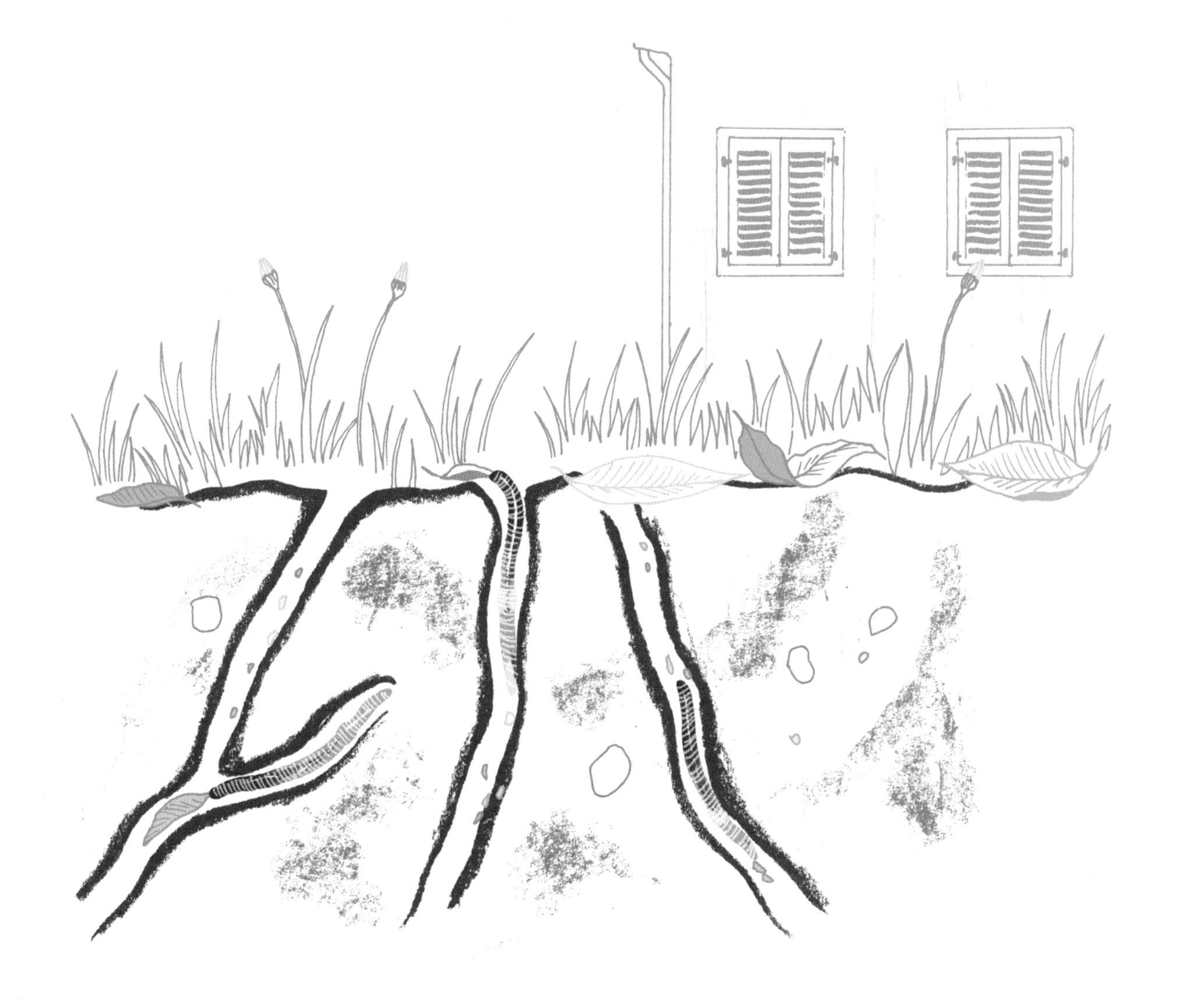

爱吃腐烂的叶子

蚯蚓会趁着夜色凉爽，出来寻找落在地上的植物碎片。它会先尝一尝味道，然后用身上的微型吸盘将食物拖到自己的隧道里，一直等到植物腐烂分解后再食用。蚯蚓从不会对活着的植物下口！到了冬天，蚯蚓会因为被冻僵而停止进食。

壁虎

壁虎喜欢住在人类的房子附近，会在旧墙的石砖间飞速地爬来爬去。
可是，家猫对这种小爬行动物非常感兴趣。为了逃生，壁虎经常会使出一个小把戏：
它会折断自己的一截尾巴，留下断掉的那一截尾巴在猫眼前扭动，而本体趁机逃之夭夭。

爱捉蜘蛛

在阳光下晒暖和了身体之后，壁虎就会开始活跃地捕食，
它能够攀上陡峭的墙壁来抓住猎物。壁虎爱吃蜘蛛、毛虫、蚱蜢和苍蝇。
不幸的是，由于杀虫剂的滥用，壁虎的猎物越来越少，而且杀虫剂也会使壁虎中毒。

金凤蝶

金凤蝶体形较大，雌蝶会将卵产在伞形科植物（比如胡萝卜）的叶子上。
一开始孵化出来的黑色小毛虫会逐渐长得胖乎乎的，颜色也会变得鲜艳。
约三周之后，毛虫会依附在植物的茎上，在硬邦邦的蛹中慢慢羽化成蝴蝶。

吸食花蜜

在金凤蝶的一生中，毛虫形态是食量最大的一个阶段：
它每天都会吃下约是自己体重两倍的胡萝卜、茴香或香菜。它一边生长一边换皮，总共会经历五次蜕皮。羽化后，成年的金凤蝶就会用它的口器在花丛中吮吸花蜜，并寻找伴侣进行繁殖。

红蛞蝓

蛞蝓的种类繁多，红蛞蝓只是其中之一。它们的祖先是来自海洋的软体动物，在约 3.5 亿年前就曾来到陆地上进行繁衍。红蛞蝓多在夜间和天气潮湿时活动，一旦气温降到 5℃以下或过于炎热时，它们就会钻进土中。

爱啃植物

这种大型蛞蝓依靠自己分泌出的透明黏液在地上滑行，同时利用嗅觉和味觉寻找爱吃的植物。红蛞蝓的舌头上长着细细密密的小牙，它用这些牙和上颚将食物磨碎。除此之外，它们也会吃动物的排泄物，当然也对你家的猫粮来者不拒。

yǎn
鼹鼠

鼹鼠会用自己有力的爪子挖掘出长长的地下隧道，居住在里面。在那里，它不会受到天敌的侵扰，可以轻松地捕到自己喜欢的食物：蚯蚓、蚊子的幼虫、金龟子的幼虫……

鼹鼠的眼睛几乎什么都看不见，它在黑暗的地下通过嗅觉和听觉追捕猎物。

爱吃蠕虫

鼹鼠并不会冬眠。为了确保在地面结冰的时候不缺少食物，它会将蚯蚓储存起来留到冬天吃。但蚯蚓一旦死掉就会腐烂，不能食用，因此鼹鼠会将蚯蚓头部咬下来一块，使它们无法行动，然后再活埋在地下专门用来储藏的洞穴中。

普通伏翼

长期以来，人们都以为普通伏翼是一种鸟类。但其实普通伏翼是欧洲体形较小的一种蝙蝠，而蝙蝠是会飞的哺乳动物。普通伏翼居住在城市或村庄，以十几只组成的集群为单位生活。它们会在黄昏降临时出动，捕捉飞在空中的蚊子和飞蛾。

爱捉昆虫

普通伏翼是怎么在黑暗中狩猎的呢？这要多亏它的耳朵！

蝙蝠具有灵敏得使人惊叹的本领：回声定位功能。它们会发出一种特殊的声音，耳朵收到回声后就能辨认狩猎地盘上障碍物以及猎物的位置。

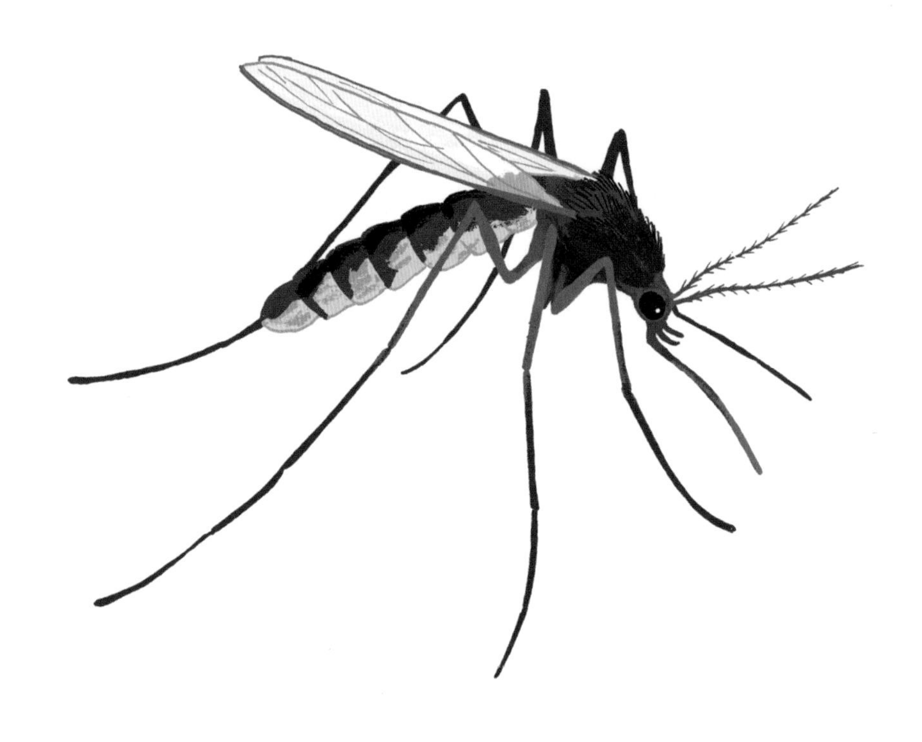

雌性蚊子

刚出生的蚊子被称为孑孓(jié jué)，是一种以植物为食的水生幼虫。
当它蜕变成飞虫之后，就会以花蜜为食。花蜜可以为蚊子的飞行提供足够的能量。
但之后，雌性蚊子必须改变现有的饮食习惯，才能顺利产下 200 多枚卵。

爱吸血

嗡嗡嗡！每个种类的蚊子都有自己喜欢的食物，而雌性的尖音库蚊最喜欢的食物就是人类的血液。它会将六根又尖又硬的针头刺穿人的皮肤，扎进细细的血管。如果你被叮的地方发痒了，罪魁祸首就是蚊子在吸血前注入的具有抗凝血作用的唾液。

家幽灵蛛

家幽灵蛛是一种生活在室内的蜘蛛。它会在自己织出的网中静静待着，一动不动地等猎物自投罗网。它布满灰尘的、老旧的蜘蛛网挂在天花板上，非常引人注目。家幽灵蛛几乎唯一的、同时也是最大的敌人就是吸尘器！

设下陷阱捕虫

一旦从蜘蛛网上感应到猎物的动静，家幽灵蛛会立刻赶来，用蛛丝牢牢将其捆住。接着，它会将毒液注入猎物体内，将猎物杀死。蜘蛛没有用来咀嚼食物的牙齿，但它强大的唾液可以将昆虫从内部化成液体。之后蜘蛛只需要用吸吮的方式进食就可以了。

螳螂

螳螂是一位可怕的捕手，天生一副科幻作品里的怪兽模样。

螳螂总是高高昂起的三角形小脑袋能够 180 度旋转，无论从何方而来的猎物都能被它看见。

螳螂浑身翠绿，这使得它能完美地隐藏在植物中，让猎物措手不及。

狩猎昆虫

如果有蚱蜢、蜜蜂或蝴蝶从附近经过，螳螂会猛地挥出那双修长且带有锯齿的前足，
抓住猎物，然后立刻收回，将昆虫卡在前足两节的两排小刺之间。
就算是体形相对较大的蟋蟀也无法从中挣脱出来。有时，交配完毕的雄螳螂也会被雌螳螂这样杀死。

灰林鸮(xiāo)

呼呜——呼呜——灰林鸮的叫声在夜色中回荡。这种夜行性猛禽经常是只闻其声，
不见其形。白天的时候，它会躲在树洞里，或藏在厚厚的常春藤之间。
不过人们常能看见它吐出的小球，我们将其称为“吐弃块”，里面混杂着不能消化的毛发和骨头。

爱捉田鼠

灰林鸮会潜伏在枝头上准备狩猎。它飞翔时寂静无声，让那些小型啮齿动物防不胜防。必要时，它也会捕捉蝙蝠、鼹鼠、昆虫或蛞蝓。

灰林鸮父母需要花上一个半月左右来哺育自己的孩子，这个过程会消耗大量的精力。

堤岸田鼠

堤岸田鼠是一种小型啮齿动物，一年四季昼伏夜出，生活在森林、树篱和花园中。

它来自北极地区，现已遍布除地中海周边之外的欧洲各地。

它会在石头或树桩下面挖掘地下巢穴。

爱吃蔬菜

田鼠并不挑食，它可以吃水果、种子、树叶，也爱吃根茎、青草和蘑菇。
有机会的话，它还会吃一些小昆虫或蜗牛，甚至连鸟蛋也不放过。
和仓鼠一样，田鼠会把食物埋在藏身之处，这里埋一点，那里也埋一点。

kuí
毒蝰

和所有其他的蛇一样，毒蝰无法自己产生热量。所以，它需要晒太阳使体温升高，
这样才能活动。当温度低于 12℃时，毒蝰的消化速度会大大降低，
导致胃中的食物在消化过程中腐烂变质，释放出对自己有害的毒素。
因此，当冬天来临，它就会不吃不喝，在地底躲上五个月。

追捕小型啮齿动物

在贴近地面时，毒蝰可以感应到气味、热量和震动。
一旦有猎物靠近，毒蝰会忽然伸展身体，猛地用注满毒液的牙齿对着猎物咬下去，然后放它离开。紧接着，再用舌头一路追踪猎物（通常是啮齿动物）留下的痕迹，等它中毒麻痹后，毒蝰再弓起身子慢慢地吞咽美食。

岩羚羊

这位了不起的登山者住在群山之中。在天气晴朗的时候，岩羚羊会成群结队地在草坡上活动。其中有一只负责放哨，其他的则悠闲地吃草或躺在地上反刍。不过当冬天来了，厚厚的积雪覆盖了万物，岩羚羊便很难再找到食物。

爱吃植物

寒冬降临，岩羚羊就没有嫩草可吃了。从秋天开始，它就得努力地啃食那些坚韧的植物，比如枯叶或树皮，这些食物都难以消化。到了冬天，它们就更没有选择的余地了。不过，岩羚羊的臼齿上有许多棱角，适于啃咬食物，而且还长有四个胃袋，这些都可以帮助它渡过难关。

狐狸

狐狸几乎可以在任何地方生活，无论是农村还是城市附近。
它们白天与家人一起待在洞穴中，晚上才会外出打猎。它们对人类保持着警惕，
不过人们还是可以通过那些用来标记领地的排泄物意识到它们的存在。

什么都吃一点

无论是随着气味跟踪猎物，还是分辨老鼠细碎的脚步声，
对狐狸这个老猎手来说都是轻而易举的事。它会在空中一跃而起，然后扑上去抓住猎物。
狐狸主要以啮齿动物为食，不过也会吃昆虫、青蛙和水果。在城市里，它也会翻垃圾桶找吃的。

yòu
伶鼬

伶鼬有着修长的身体、短短的四肢、玲珑的小脑袋和一双亮晶晶的黑眼睛，它的体重只有 80 克左右。伶鼬十分谨慎，它喜欢藏身在旧墙、石头堆或空心的树干中。到了冬天，它的体温非常容易降低，所以需要躲在一个防风防潮的地方。

追踪田鼠

当其他食肉动物埋伏着等待啮齿动物出洞的时候，灵巧的伶鼬早就在地洞里、雪地中开始了追逐战。伶鼬可以有效地限制小型啮齿动物的数量增长，尤其可以减少农村里田鼠的繁殖。

绿豆蝇

绿豆蝇也叫丝光绿蝇，色泽鲜艳的绿色身体是它的特征。
它属于丽蝇科，该科包括 1500 多种不同的具有金属光泽的苍蝇。
雌性绿豆蝇能产下几百个卵，而且这些卵的发育速度极快。

爱吃花粉

成年之后，绿豆蝇能再活两周左右。它以花粉和花蜜为食，将卵产在动物的尸体上，
腐烂的肉正是幼虫最爱的食物。在发生凶杀案的时候，
法医可以通过绿豆蝇卵和幼虫的情况来判断被害人的死亡时间。

欧亚野猪

在欧洲，欧亚野猪遍布森林和乡村，只要那里有充足的空间与水源就行。
它们有在泥地里打滚的习惯，然后再在树干上蹭来蹭去，
把身上的寄生虫弄掉。野猪在白天十分安静，
通常是在夜晚降临时才外出活动。

什么都吃

欧亚野猪每天可以行走十几千米，不过总是沿着固定的路线来来去去。它们什么都能吃：植物的茎、叶子和种子，动物尸体……到了冬天，欧亚野猪可以凭着嗅觉找到地下埋着的植物球茎、根系和动物幼虫，然后用鼻子和尖牙把它们从土里挖出来吃掉。

一双獠牙是欧亚野猪真正的防御武器，一生都不会停止生长。

wù jiù
欧亚兀鹫

这种猛禽身体沉重，没有能力扑扇着翅膀长时间飞行。它们会从悬崖峭壁上一跃而下，进入上升的热气流（也就是滑翔伞起飞所借助的无形的热气流），并在气流中盘旋着起飞。一刻钟后，它就可以飞到 1000 多米的高度。

等待着尸体出现

整个兀鹫群体会合作寻找食物。它们在空中盘旋，巡视着身下的大地。如果某个地方有聚集着的乌鸦或者喜鹊，就说明那里应该有动物尸体。欧亚兀鹫就会盘旋着下降至地面，提醒同伴这里发现了食物。

灰狼

灰狼看上去和德国牧羊犬很相似，但与被人类驯化的狗不同，
它们生活在由一对领头的雄狼雌狼主导的群体中。
长期以来，灰狼遭到了人类的大量捕杀，如今已经成为受保护的物种。

追击各种体形的猎物

一旦锁定了猎物，灰狼就会不停地追击，直到猎物精疲力竭为止。无论是羚羊、狍子、年老体弱的山羊，还是野兔、啮齿动物、鸟类，狼会对眼前的一切猎物展开捕杀。在牧区，狼群有时会对羊群发起攻击。一头成年狼每天能吃下 3 千克左右的肉。

红交嘴雀

红交嘴雀雄鸟身体是砖红色，翅膀是棕色；而雌鸟通体为黄绿色。这种鸟常出现在针叶林中。

红交嘴雀因它又厚又弯的喙上下呈现交叉的形状而得名。

利用这样的喙，它可以和鹦鹉一样在树枝间攀爬。

能从球果中取出种子

红交嘴雀的喙是一种特殊的工具，它虽然不能用来在地面上啄食，
但能极其方便地将松子从松果中取出。这种小鸟会用一只爪子抓住松果，
用下喙顶开松果的鳞片，然后使用上喙或舌头将松子取出来。

胡兀鹫

这种美丽的兀鹫是欧洲体形最大的鸟类之一。它翅膀上的羽毛是深灰色的，
而头部和腹部为橙黄色。它的眼睛外有一圈红圈，上方长着一双粗厚的黑“眉毛”。
只要能在冬季找到食物，它就可以在自己居住的山脉中生存 30 年以上。

吞食骨头

胡兀鹫分泌出的强力的消化液可以消化骨头。它会等到别的食腐动物离开之后，再继续吃剩下的动物尸体。它甚至可以吞下约 40 厘米长的骨头。如果骨头实在太大，胡兀鹫就会抓着它飞上高空，把骨头扔到碎石坡上砸碎，然后食用。

欧亚水獭(tǎ)

水獭的大部分时间都在水中度过。它的眼睛、鼻子和耳朵都位于头的上半部，这使得水獭能在身体藏在水中的同时观察四周的动静。水獭的脚爪上有蹼，身上长着浓密且完全防水的绒毛。它们独自生活在河流、湖泊或沼泽的岸边。

爱吃鱼

欧亚水獭在全速捕鱼的时候身手非常矫健。
它的眼睛能在水下看清东西，像戴了潜水镜一样。除了鱼，
根据不同季节，水獭还吃青蛙、昆虫、爬虫或小鸟。它会用自己的排泄物来标记领地。

蜻蜓

蜻蜓属于大型昆虫。一般雌蜻蜓会将卵产在水下。

它的幼虫在水下长大，数年之后，冒着巨大的风险来到水上的世界进行蜕变。

幼虫会依附在植物的茎秆上，等背部裂开之后，成虫就从外壳中羽化出来，展翅而飞。

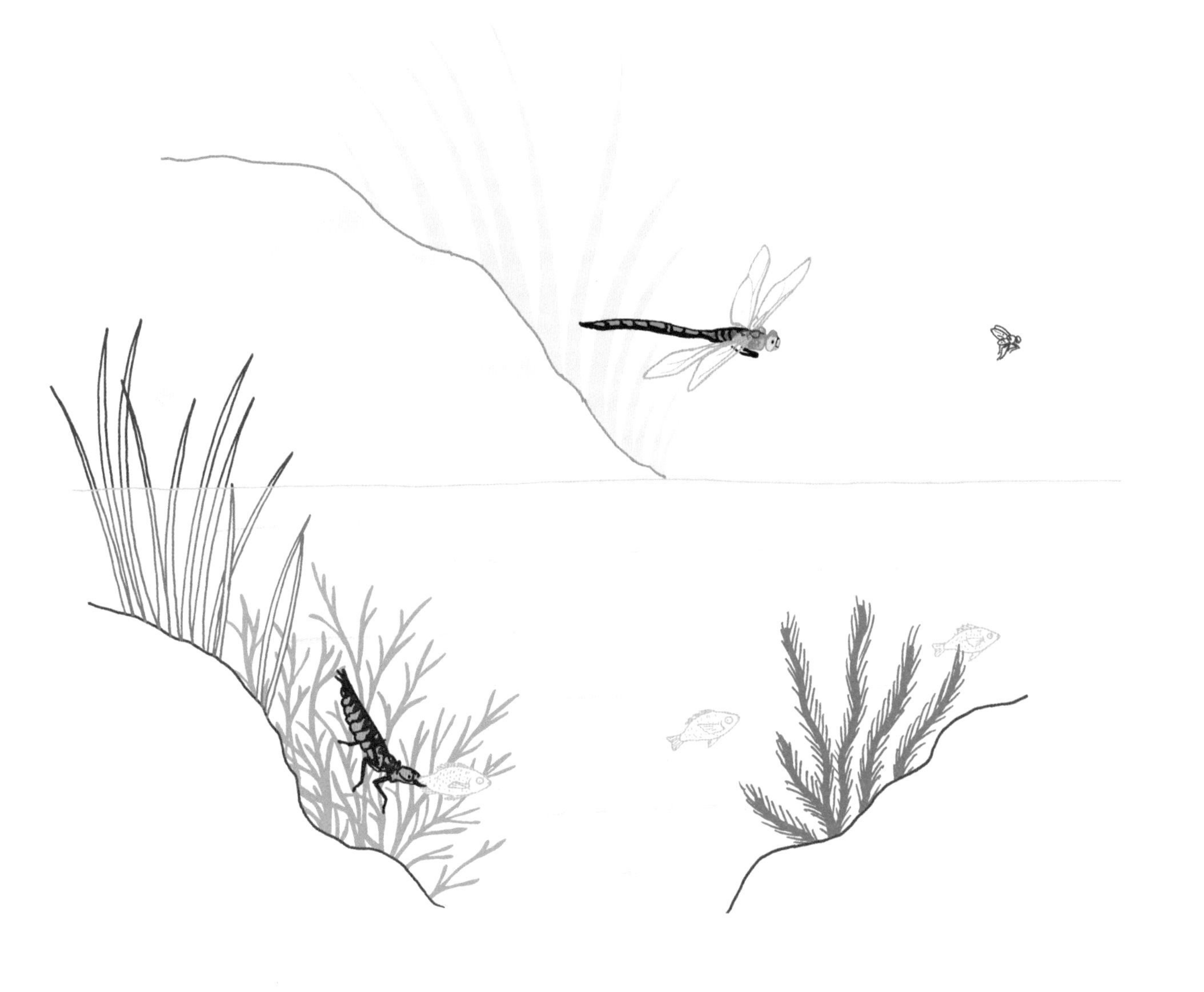

爱捉虫

和成虫一样，蜻蜓的幼虫也是一种凶猛的食肉动物。在水下，
它会对比自己大许多的猎物发起攻击。蜻蜓幼虫会将头部的钩子向前方伸出，
捕捉小鱼、蝌蚪和昆虫幼虫。而蜻蜓成虫会在水面上飞来飞去，捕食其他昆虫。

琵鹭

这种大型的白色涉禽非常容易辨认，它黑色的喙呈勺子的形状，还有一圈黄色的外缘。它会与苍鹭一起在盐水沼泽中成群结队地漫步。琵鹭属于候鸟，比如白琵鹭在法国筑巢之后，会在八月飞往非洲西部。琵鹭像鹳一样，在飞行过程中会将脖子伸得笔直。

在淤泥中翻找食物

琵鹭会一边漫步，一边捕食水生昆虫、甲壳动物和小鱼。
它觅食时会一边在浅水处行走，一边张开嘴伸入水中，左右来回扫动。
琵鹭不会轻易放过任何出现的猎物。如果猎物逃脱了，它会追着跑出几米远。

墨鱼

墨鱼和章鱼一样，都属于头足类动物，它可以随时改变皮肤的颜色和纹理。墨鱼喜欢在海中缓慢地游动，它身体边缘的鳍会随着水流起起伏伏。不过一旦受到威胁，它便会加快速度，并排出一团黑色墨汁掩盖自己的行踪，从敌人眼前逃之夭夭。

捕捉海洋生物

墨鱼的捕猎技术非常高效！它那一身伪装色可以让它完美地与沙地融为一体，随时准备着吓猎物（鱼、虾、螃蟹等）一跳，然后伸出两根长长的触腕将其捉住。接着，墨鱼会将有毒的唾液注入猎物体内，然后用自己角质的下颚将其割成块。

普通鸬鹚

lú cí

我们经常能看到普通鸬鹚栖息在木桩上，大大地展开翅膀，
晾干自己的羽毛。这种鸟儿会潜水，但它的羽毛并不像鸭子的那样防水。
相反，普通鸬鹚的羽毛还能排出空气、吸入水分，使它能潜入水下约 10 米深的地方。

爱捕鱼

普通鸬鹚用长着蹼的双足推动自己前进，在水下追击猎物。它会带着捉到的活鱼回到水面，将其抛向空中，再让鱼头朝下一口吞下。在欧洲，普通鸬鹚一直以来都被渔民视为竞争对象，饱受伤害。而在亚洲的一些地方，渔民会专门饲养普通鸬鹚，让它们为自己捕鱼。

海星

海星长着五根触手，在被切断后可以再生。触手上覆盖着带有吸盘的管足，这使得它们能以每分钟八厘米的速度缓慢移动。海星触手末端的细胞非常敏感，可以向它传递有关于光线、所接触物体的质地、气味的信息。

爱吃贻（yí）贝

如何才能吃到贻贝密封在坚硬贝壳下的美味的肉呢？这需要海星耗费一个半小时才能做到！

海星会先将吸盘吸在贝壳壁上，一直拉扯到贻贝精疲力竭、张开外壳。

接着，海星就会将自己的胃从口中伸出去消化猎物，消化时间可长达 8 个小时左右。

鼠鲨

这种长达 3 米左右的鲨鱼生活在寒冷的水域。它游动速度极快，
最高可达每小时 50 千米左右。它能看到远处的东西，即使在黑暗中也是如此。
它的上下颌长有成行排列的几百颗牙齿。一旦前排的牙齿掉落，后排的牙齿就会顶替上来。

爱捕鱼

捕猎时，鼠鲨会动用自己几乎所有的感官，包括一种非常独特的“传感器”。

它会先通过猎物的振动来确认其在水中的方位，接下来借助嗅觉一路寻踪。

在离猎物 10 米左右的位置，鼠鲨就能看见它了。最后，鼠鲨利用自己的电磁传感系统将猎物捕获。

贻贝

贻贝总是紧紧地贴在岩石上，等待涨潮。一旦海水漫过身体，它便会将两片贝壳张开。等退潮时，它再紧紧地合上壳，不让海水漏出。这样一来，它的身体就不会在下次涨潮前干涸。那么，贻贝吃些什么呢？

过滤海水

贻贝爱吃浮游生物，也就是那些漂浮在水中的微型生物。
它外壳内侧的橘色部分上面长有小小的绒毛，用来将水带入鳃中。贻贝可以在一小时内过滤约 10 升水，并对浮游生物进行挑选：只有那些最细小的才会最终被送入口中吃掉。

鹦鹉鱼

潜水员常会在潟(xì)湖中看到这种性格温顺的热带鱼。
它的牙齿看上去像鹦鹉的喙，因此得名鹦鹉鱼。
夜间，它会花上将近一个小时用黏液制作出一个半透明的“茧”，
将自己包裹在里面，用来掩盖自己的气味，躲避天敌。

爱吃藻类

鹦鹉鱼会用那两排坚硬的板状牙齿刮下珊瑚来吃。
它们除了吃珊瑚上有营养的微型藻类之外，
还会吞下珊瑚的碎片，将它们磨碎成沙子状后排出体外。
一条大的鹦鹉鱼每年能够产出超过两吨的沙状物。

座头鲸

座头鲸出没在全球所有的海域中。这个庞然大物长达 19 米左右，体重为 25 吨至 35 吨。

当春天来临，座头鲸会迁徙到寒冷的水域，并整个夏季都在那儿觅食。

等到秋天的时候，它会再次回到热带地区，在温暖的浅水中产下幼鲸。

吞食磷虾

座头鲸总是结伴捕鱼。当它们一起吐气的时候，会在水中形成一张由气泡组成的巨网，将成千上万的磷虾困在里面。接着，鲸鱼张开大嘴蹿上水面，一口吞下磷虾，然后通过鲸须将水排出来。

狮子

兽中之王狮子是唯一一种过着集体生活的猫科动物。狮群由同一家族的雌狮、少数雄狮以及幼狮组成。同时，狮子也是唯一长有鬃毛的猫科动物。在过去的几十年里，由于人类偷猎和对非洲草原的破坏，狮子的数量迅速减少，这让科学家们十分担忧。

猎杀其他动物

羚羊、水牛、斑马、鸟类、猴子甚至大象，在狮子眼中都是令它垂涎的美食。
与人们的固有印象不同 ，并不是只有雌狮才会捕猎。在夜里，
雄狮会穿梭在茂密的植被间，独自狩猎那些较容易捕获的、年迈或生病的动物。

红喉北蜂鸟

这种来自美国的鸟儿是一种蜂鸟，体重只有 3 克左右！红喉北蜂鸟扇翅速度极快（可达每秒 70 次左右），快到人们根本看不清它们翅膀的动作。

作为飞行冠军，它的飞行时速可以超过 40 千米，它还能悬停在空中，甚至倒着飞行。

吮吸花蜜

蜂鸟那长长的尖嘴巴很适合伸入花冠中采食花蜜。进食时，它的舌头会快速地前后运动，像海绵一样吸饱花蜜，然后再将花蜜吞下。

同样，蜂鸟也能够吸食水果的汁液，或者刺伤蜘蛛或小虫后食用。

单峰驼

单峰驼这种大型动物有约 500 千克重，生活在撒哈拉沙漠、印度以及阿拉伯地区。约在 3000 年前，它就已经被人类驯化了。直到今天，单峰驼持久的耐力仍然被牧民们所喜爱，牧民会用它们来承载、搬运货物。骆驼甚至可以长达 10 天不喝水。

爱啃多刺的植物

这种食草动物爱吃多刺的植物以及沙漠中的干草。要在条件极端的地区生存下去非常不容易，幸运的是，单峰驼有一个用于囤积营养的驼峰。那里面储存的不是水分，而是脂肪。当骆驼连续几天吃不到东西的时候，就会消耗里面储存的能量，驼峰也会慢慢地瘪下去。

尼罗鳄

这种爬行动物浑身披着厚厚的骨质鳞甲，还是恐龙的远房表亲。

在法老时代，埃及人曾信仰一位以尼罗鳄为原型的神，叫作索贝克。在过去的约 6500 万年里，尼罗鳄适应了地球的环境变化，但如今，它正受到过度捕猎和栖息地被破坏的威胁。

爱吃鱼和肉

小的尼罗鳄可以吃昆虫、鱼类和小型哺乳动物，成年尼罗鳄则对那些大型的猎物情有独钟，因为只要捉到一只，就可以连续几个月不进食了！捕猎时，尼罗鳄会先在水里潜伏着，然后猛地跃起，冲向在河边喝水的猎物。它会将猎物拖入水中淹死，然后再慢慢享用。

长颈鹿

长颈鹿生活在非洲大草原上，以 10 到 20 只为一个群体进行活动。

长长的脖子使它保持着“最高的动物”的纪录。它约 5 米高，体重能达到 1500 多千克，是最大的反刍类动物。当长颈鹿想喝水的时候，它需要俯身贴近地面，把前腿向两边叉开。

爱吃金合欢

长颈鹿爱吃金合欢树的叶子，也吃树上的花、果荚中的种子和果实。
它是唯一可以吃到金合欢高处嫩叶的动物。但金合欢的树枝上长满了刺，长颈鹿要怎么办呢？
这就要用到它坚韧的蓝色舌头了。它的舌头可以卷住树叶，避开树枝上的刺，这样就不会扎伤自己了。

非洲象

大象是陆地动物体重比赛的冠军：雄象可以达到 4 吨至 6 吨重！

非洲象与亚洲象的区别在于非洲象有两只大大的耳朵。它们长长的鼻子是嘴唇和鼻子的结合体，没有任何骨头。不过，象鼻上有着健壮的肌肉，可以举起约重达 250 千克的物体。

吞食树叶

体形越大，需要的食物也就越多。非洲象每天要吃约 300 千克的食物。
它们用长长的鼻子扯下草、叶子、根茎或水果，然后放进口中。
它们会将水果的种子通过粪便排出来，能在不经意间把种子带到很远的地方。

猎豹

比起其他猫科动物，猎豹更适合短跑：它身材苗条，骨骼轻巧，心脏如运动员般强健，还有四条长腿。猎豹的爪子无法自由伸缩，这使得它能够快速地转弯。它起跑 3 秒内的时速可以达到 90 千米左右，最高时速约为 112 千米，是陆地上奔跑速度最快的动物。

追逐羚羊

奔跑消耗的能量非常大，所以猎豹必须迅速地捕捉到猎物。
一旦跑出 400 米左右之后，它的速度就会减缓。如果追捕行动不理想的话，猎豹会马上放弃，以免浪费自己的力气。当它将猎物杀死后，其他的大型猫科动物可能会前来抢走它的食物。

射水鱼

射水鱼来自亚洲的红树林地区，生活在有植被生长的表层水域中。
它腹部和后背上的竖纹让它看起来十分不显眼。
它位于身体两侧的大眼睛拥有广阔的视角，能帮助它精准地判断距离。

能猎捕水面之上的动物

射水鱼不仅爱吃虾子和鱼苗，而且对昆虫、蜘蛛和蜗牛也来者不拒。
但是它绝对不会等待猎物从天而降。射水鱼会从口中射出高约 1.5 米的水柱，
像弓箭手的箭一样又快又准。然后，扑通一声，它的猎物就掉入水中了！

大熊猫

大熊猫是哺乳动物，属于熊科，它们只生活在中国的山区，因脸部像猫、身体像熊而得名。
大熊猫的头部是白色的，眼睛周围长了两朵黑圈。
它们已经成为濒危动物的象征，赖以生存的竹林也正在一点一点地被人类破坏。

爱啃竹子

大熊猫适应了竹子这种特殊的食物：它的臼齿与草食性动物的牙齿很像，可以磨碎竹子的纤维。它前爪的拇指可以抓住并剥掉竹子外面的皮。由于竹子能提供的营养很少，大熊猫为了省力气，总是坐着或躺着吃竹子。

图书在版编目（CIP）数据

动物请回答. 你吃什么? / (法) 弗朗索瓦兹·德·吉贝尔, (法) 克莱蒙斯·波莱特著 ; 刘雨玫译 ; 浪花朵朵编译. -- 石家庄 : 花山文艺出版社, 2020.11

ISBN 978-7-5511-5274-7

Ⅰ. ①动… Ⅱ. ①弗… ②克… ③刘… ④浪… Ⅲ. ①动物—少儿读物 Ⅳ. ①Q95-49

中国版本图书馆CIP数据核字(2020) 第174574号

冀图登字：03-2020-075

书　　名：**动物请回答：你吃什么？**
DONGWU QING HUIDA NI CHI SHENME
著　　者：［法］弗朗索瓦兹·德·吉贝尔　［法］克莱蒙斯·波莱特
译　　者：刘雨玫　　编　　译：浪花朵朵

选题策划：北京浪花朵朵文化传播有限公司　　出版统筹：吴兴元
编辑统筹：彭　鹏　　责任编辑：温学蕾
责任校对：李　伟　　特约编辑：黄逸凡
美术编辑：胡彤亮　　营销推广：ONEBOOK
装帧制造：墨白空间·严静雅
出版发行：花山文艺出版社（邮政编码：050061）
（河北省石家庄市友谊北大街 330 号）
印　　刷：雅迪云印（天津）科技有限公司　　经　　销：新华书店
开　　本：889 毫米 × 1194 毫米　1/24　　印　　张：4
字　　数：50 千字
版　　次：2020 年 11 月第 1 版
2020 年 11 月第 1 次印刷
书　　号：ISBN 978-7-5511-5274-7　　定　　价：49.80 元

读者服务：reader@hinabook.com 188-1142-1266
投稿服务：onebook@hinabook.com 133-6631-2326
直销服务：buy@hinabook.com 133-6657-3072
官方微博：@ 浪花朵朵童书

后浪出版咨询(北京)有限责任公司 常年法律顾问：北京大成律师事务所　周天晖 copyright@hinabook.com